AF341079

CATALOGUE

DES

MOLLUSQUES

TERRESTRES ET FLUVIATILES,

OBSERVÉS

DANS LES POSSESSIONS FRANÇAISES AU NORD DE L'AFRIQUE,

publié par

M. Terver, naturaliste à Lyon.

(*AVEC PLANCHES*).

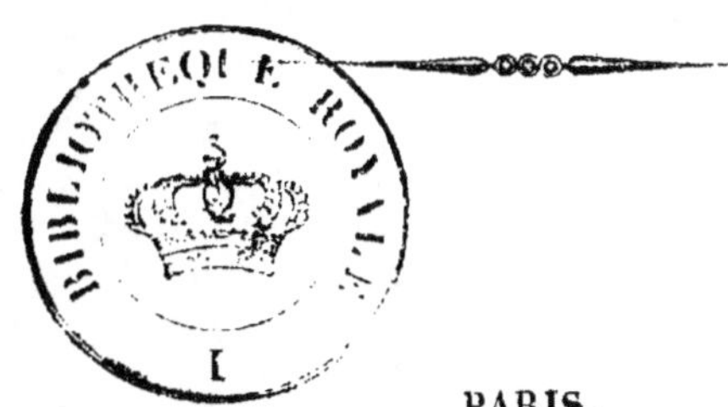

PARIS.

Chez J.-B. BAILLIÈRE, rue de l'École de Médecine, 13 bis;
CROCHARD, place de l'École de Médecine, 13.

LYON.

Chez SAVY, libraire, quai des Célestins, 40,
Et chez l'Auteur, rue Neuve, 56.

1839.

LYON, IMPRIMERIE DE L. BOITEL, QUAI SAINT-ANTOINE, 36.

Depuis la notice de M. Michaud, capitaine-adjudant-major au 10ᵉ de ligne, sur les Mollusques recueillis à Alger par M. Rozet, capitaine au corps royal d'état-major, et publiée par la société d'Histoire Naturelle de Strasbourg, le développement de nos possessions dans le nord de l'Afrique, a dû nécessairement donner lieu à d'autres découvertes en histoire naturelle, et par conséquent aussi dans la branche dont je m'occupe.

Mais pour obtenir ce résultat, il fallait le concours de naturalistes instruits, pleins de zèle et qui ne craignissent pas d'affronter des dangers de toute nature, pour se livrer à leurs recherches dans un pays aussi hostile.

Je ne saurais donc trop donner de louanges à mon digne ami, M. Dupotet, capitaine au 2ᵉ bataillon d'Afrique, à qui je dois non seulement la communication des espèces que je vais indiquer, mais encore, grâce à ses lumières et à ses observations minutieuses, la connaissance des animaux des espèces que je décris et de leurs habitudes, ce qui est très important pour leur détermination. Qu'il daigne agréer l'expression de ma sincère reconnaissance pour toute son obligeance, car il a rendu un véritable service à la science en faisant connaître les belles espèces de cette contrée.

Je dois aussi de sincères remercîments à M. Gouget, chirurgien-major au 47ᵉ de ligne, et à M. Juillet, capitaine de génie; ces amis, en me communiquant le fruit de leurs recherches, m'ont enrichi de nombreuses variétés de quelques-unes de ces espèces, ce qui m'a été d'un grand secours pour leur détermination. M. Juillet vient encore tout récemment de me remettre deux espèces nouvelles pour ce catalogue, l'une d'elle est même inédite, et je ne doute nullement qu'il ne réussisse à faire quelque autre découverte.

C'est en comparant un grand nombre d'individus des mêmes espèces, et en comparant leurs variétés aux espèces avec lesquelles elles semblent avoir le plus d'analogie, que je me suis bien pénétré de la valeur des caractères qui distinguent celles que je publie.

Je m'estimerai heureux si mes efforts peuvent être de quelque utilité pour l'histoire naturelle dont l'étude est si généralement répandue : ce premier travail, pour lequel je réclame l'indulgence, se trouvera reproduit dans le grand ouvrage que j'ai entrepris sur les Mollusques terrestres et fluviatiles en général, et que je me dispose à publier incessamment de concert avec M. Michaud. L'iconographie du genre Helix (non comme l'entend M. de Ferussac, mais tel qu'il est dans Draparnaud) est très avancée et comprend déjà plus de 600 espèces. Ce genre en contiendra peut-être bien 8 à 900, mais cette publication pouvant être retardée par quelque circonstance indépendante de notre volonté, j'ai cru convenable de faire connaître d'avance les espèces de l'Algérie, attendu que par notre mode de publication, plusieurs de ces espèces appartenant à des genres différents, seraient encore longtemps à paraître.

Je me trouverai peut-être quelquefois en contradiction avec M. Michaud; cela s'explique facilement, puisque cet ami n'a pu faire ses observations que sur un petit nombre d'individus de chaque espèce, tandis que je donne le plus souvent des remarques faites sur les lieux, sur les animaux mêmes; j'ai pu d'ailleurs en vérifier l'exactitude, ayant reçu vivantes une bonne partie de ces espèces.

M. Michaud signale dans son catalogue plusieurs espèces de Mollusques terrestres que je n'ai jamais reçues d'Afrique, je suis même fortement porté à croire qu'elles ne s'y trouvent pas, mais qu'elles ont été recueillies par M. Rozet, soit à Palma, soit à Mahon, et ont été confondues avec celles trouvées en Afrique : ce sont les *Helix carthusiana, Bulimus radiatus et Cyclostoma ferrugineum.*

Le genre Clausilie n'a pas encore été observé dans cette partie de l'Afrique, ce n'est pas un motif pour croire qu'on ne le rencontrera pas plus tard, puisqu'on en connaît plusieurs espèces des îles Madère, Cap-Vert, Canaries, etc. ; lorsque l'on pourra explorer l'Algérie avec plus de sécurité, il est probable que l'on fera d'autres découvertes, car un pays aussi accidenté doit nécessairement être riche en Mollusques. J'engage donc les naturalistes que leur état ou leur goût conduit dans ce pays, à continuer avec zèle les recherches faites déjà avec tant de fruit, et sûrement ils seront dédommagés de leurs peines et contribueront à enrichir l'histoire naturelle.

L'Algérie, dont le climat paraît si favorable au développement de certains Mollusques, ne nous offre cependant pas jusqu'à présent un bien grand nombre d'espèces, mais en revanche leurs variétés sont très nombreuses, du moins dans quelques espèces, il en est quelques-unes même qui sont tellement remarquables qu'il devient assez difficile de les déterminer.

A Alger, les espèces terrestres qui se retrouvent

en France, n'en diffèrent pas sensiblement pour la grosseur, à peu d'exceptions près; mais à Oran, et surtout à Bougie, Guelma et Constantine, quelques espèces deviennent monstrueuses comparativement à celles de France: l'*Helix melanostoma*, par exemple, s'y trouve à peu près de la grosseur de notre *Pomatia*; le *Bulimus decollatus*, déjà si grand à Alger et à Oran, l'est encore davantage à Bougie. Les espèces fluviatiles sont jusqu'à ce jour peu nombreuses en espèces, et elles sont généralement plus petites qu'en France à très peu d'exceptions près.

J'ai joint à cette brochure quatre planches représentant les espèces nouvelles, ainsi que quelques-unes de celles décrites par M. Michaud et qui sont peu connues; je pensais pouvoir les annoncer comme spécimen de notre grand ouvrage sur les Mollusques terrestres et fluviatiles; mais quelle que soit l'exactitude des dessins que j'ai fournis aux artistes, j'ai dû subir la conséquence de leur début dans ce genre de travail qu'ils ne connaissaient pas, et qui exige une grande habitude et beaucoup de légèreté dans l'exécution. Aussi, malgré les corrections que j'ai fait faire sous mes yeux, une partie de ces planches est assez mal rendue; il existe également quelque négligence dans la disposition des figures, et cependant ce travail tout imparfait qu'il se trouve, me donne la certitude d'obtenir par la suite une belle exécution, ce qu'il est facile d'apprécier en comparant les planches I et IV aux deux autres; celles-là sont réellement beaucoup mieux, et prouvent une amélioration dans le travail des artistes.

Sous peu, nous ferons paraître notre prospectus, auquel nous joindrons une planche qui fera connaître d'une manière plus précise notre genre d'exécution, car je serai très sévère pour le fini du travail et pour l'exactitude et la fidélité des caractères des coquilles.

MOLLUSQUES TERRESTRES

ET FLUVIATILES,

OBSERVÉS DANS LES POSSESSIONS FRANÇAISES, AU NORD
DE L'AFRIQUE.

ORDRE 1er. — LES GASTÉROPODES.

LES LIMACIENS.

Genre LIMACE. — *LIMAX.*

1. L. AGRESTE. — *L. Agrestis.* Drap.
Se trouve à Tremecen, Ain-el-Haout, Oran.

2. L. JAYET. — *L. Gagates.* Drap.
Habite Tremecen, Ain-el-Haout.

3. L.   ? — *L.*   ?
Se trouve à Tremecen, Ain-el-Haout.

4. L.   ? — *L.*   ?
Se trouve à Oran, Bougie.

Je signale seulement ces deux espèces nos 3 et 4,
n'ayant pu les comparer avec celles déjà décrites, parce
que M. Dupotet, qui les a découvertes, n'a pu me four-
nir des renseignements précis, ni m'en procurer des
individus.

Genre TESTACELLE. — *TESTACELLA.*

1. T.   ORMIER. — *T. Haliotidea.* Faure Biguet.
Se trouve à Bougie.

Ordre 2e. — **LES TRACHELIPODES.**

LES COLIMACÉS.

Genre AMBRETTE. — *SUCCINEA.*

1. A. Amphibie. — *S. Amphibia.* Drap.

Cette espèce se trouve à Alger, Tremecen; elle est très petite et ne diffère pas de celle de France pour la forme et pour la couleur.

Genre HELICE. – *HELIX.*

1. H. Natice. — *H. Naticoides.* Drap.

Commune dans l'Algérie; elle est plus brune, plus fortement striée et généralement plus grosse qu'en France, surtout à Oran.

2. H. Melanostome. — *Melanostoma.* Drap.

Se trouve à Oran, Bougie, Guelma, Constantine, etc.; elle est remarquable par son volume, surtout dans la province de Constantine où elle atteint à peu près la taille de notre *Pomatia.*

3. H. Porcelaine. — *H. Candidissima.* Drap.
(Planche IV, fig. 9.)

Commune à Alger, Oran, Al-Houdja, près Oran, dans l'Atlas, Mostaganem, Tremecen.

A Oran, cette espèce acquiert une grosseur remarquable, ce qui m'a engagé à la figurer; elle est plus globuleuse qu'en France, et présente sur le milieu du dernier tour une apparence de carène très obtuse, ou plutôt un léger bourrelet s'effaçant insensiblement près de l'ouverture. L'animal est d'un gris cendré allant jusqu'au noir.

4. H. Chagrinée. — *H. Aspersa.* Drap.
commune dans toute la Régence; elle est généralement plus grosse qu'en France, son test est plus rude, mais

elle ne diffère pas de celle de France pour la disposition et la variété de ses couleurs.

H. Vermiculée. — *H. Vermiculata*. Drap.
se trouve à Alger.

6. H. des Murailles. — *H. Muralis*. Fer.

J'indique cette espèce comme devant probablement se trouver du côté de la Calle et peut-être à Stora, car elle est très commune à Tunis.

7. H. de Constantine. — *H. Cirtæ*. Nobis.
(Planche I, fig. I).

H. testâ globosâ, albâ, nitidâ, minutissime striatâ, fasciis quinque fuscis ornatâ ; peristomate albo, simplici, reflexo, sinuato ; vertice fulvo.

Diamètre, 12 lig. ; hauteur, 10 lig.

Animal gris plus ou moins foncé, allant quelquefois jusqu'au noir ; quand il est retiré dans sa coquille, il paraît noir.

Coquille globuleuse, blanche, lisse, finement striée, ornée de cinq fascies brunes, dont la disposition lui est particulière, ainsi qu'on le verra sur la figure ; péristome blanc, réfléchi ; bord columellaire sinueux ; sommet de la spire fauve.

Cette espèce qui, au premier aspect, paraît se rapprocher de certaines variétés de l'*Helix vermiculata*, en diffère essentiellement par son animal, par sa forme plus globuleuse , son péristome plus sinueux et par la disposition de ses fascies qui sont au nombre de cinq. J'en possède deux variétés, l'une dont les fascies sont translucides, et l'autre toute blanche présentant seulement une légère teinte roussâtre à la place des fascies.

Cette jolie hélice est commune à Bone, surtout près des ruines d'Hippone ; on la trouve aussi à Drian, à

Guelma, à Constantine, à Bougie et dans l'intérieur. J'en ai reçu quelques individus venant du pays des Beni-Amran, kabaïles qui demeurent dans les montagnes, à au moins quinze lieues de Bougie.

8. H. de Zaffarine. — *H. Zaffarina.* Nobis.

(Planche I, fig. 2-3).

H. testâ globosâ, albâ, minutissimè striata; peristomate simplici, albido, reflexo, acuto, gibboso; ore collumelláque fuscis; aperturâ angustâ.

Diamètre des grands individus, 14 lig.; hauteur, 10 lig.

Animal noir, quelquefois gris foncé.

Coquille globuleuse, solide, d'un beau blanc, finement striée; le milieu du dernier tour est un peu aplati; spire obtuse; tours arrondis au nombre de cinq; peristome simple, blanc, réfléchi, tranchant; bord collumellaire sinueux ou bossu; l'intérieur de la bouche et la collumelle sont d'un brun foncé très éclatant; l'ouverture est étroite, le bord droit étant très rapproché de l'axe collumellaire. Il y a une variété entièrement blanche, mais plus petite.

Cette espèce, découverte par M. Berthelot, dans les îles Zaffarines, sur les côtes de Barbarie, se trouve communément dans la province d'Oran, dans les montagnes, depuis l'Isser (rivière) jusqu'à Tremecen, et dans tous les rameaux de l'Atlas; commune entre Tremecen et le confluent de la Tafna, au marabout de Sidi Graoun; se trouve aussi à l'île Rachgoun; dans les montagnes qui séparent les plaines de Midsey de celles d'al Kerma, aux environs du camp du Figuier, etc.

Cette coquille varie beaucoup en grosseur, quelquefois même la couleur de sa gorge disparaît entièrement, mais le fond est toujours d'un blanc pur. Elle paraît,

au premier coup d'œil, n'être qu'une variété de l'espèce
suivante; cependant un examen un peu approfondi ne
permet pas de les réunir. L'animal n'est pas le même,
la couleur du test, les stries et l'aplatissement du dernier tour l'en distinguent essentiellement.

J'ai cru convenable de conserver à cette espèce le
nom que lui donna M. Berthelot dans un travail qu'il a
préparé sur les îles Zaffarines.

6. H. de Dupotet. — *H. Dupotetiana*. Nobis.

(Planche I. fig. 4 à 6).

*H. testá globosá, solidá, albidá, minutissimé striatá, fas-
ciis fuscis aut fulvis interruptis ornatá, transversim punc-
tis lineisque impressis notatá; aperturá angustá; peristomate simplici, albido, reflexo, acuto, gibboso, intûs fusco;
collumellá fnscá, nitidá, spirá obtusá, fulvá, vel albidá,
nitidá.*

Diamètre, 12 à 16 lignes; hauteur, 8 à 12 ligne.

Animal de couleur jaunâtre clair, chagriné; les tentacules supérieurs sont très longs, de la même couleur
que le corps; les inférieurs paraissent courts en les
comparant aux supérieurs, et sont de la même couleur:
quand l'animal est rentré dans sa coquille, il paraît de
couleur grisâtre. Coquille globuleuse, solide, blanchâtre, ornée de fascies brunes ou fauves, le plus souvent
marbrées, quelquefois même elles couvrent toute la
surface de la coquille, ce qui lui donne un aspect roussâtre; quelquefois encore les fascies disparaissent presque entièrement, c'est-à-dire, ne laissant qu'une légère
teinte roussâtre très pâle; mais dans aucun cas la coquille ne devient blanche comme l'*Helix Zaffarina*; elle
est plus terne et plus rude que celle-ci; elle est finement
striée, et sa surface est marquée transversalement de

points et de traits enfoncés, ce qui la fait paraître chagrinée ; l'ouverture est étroite, le bord droit se rappro-
chant beaucoup de l'axe columellaire ; l'intérieur du péristome et la columelle sont d'un beau brun luisant
comme dans la précédente ; elle a cinq tours de spire
arrondis, suture profonde, le sommet fauve clair ou
blanchâtre, lisse ; péristome simple, blanchâtre, réfléchi, très tranchant ; bord columellaire bossu. Elle varie
beaucoup en grosseur. Cette espèce qui a quelques rapports avec l'*Helix Lactea*, en diffère cependant beaucoup
par sa forme générale qui est bien plus globuleuse dans
notre espèce ; son bord droit se rapproche davantage
de la columelle ; son péristome est tranchant, tandis
que dans l'*Helix Lactea*, il est arrondi ou émoussé ; son
test est toujours terne, ses fascies sans éclat et jamais
de la même couleur que dans l'*Helix Lactea* ; le sommet
de la spire qui, dans celle-ci est toujours violet, est,
dans l'*Helix Dupoteliana* d'un roux clair ou blanchâtre ;
enfin, l'animal de ces deux espèces n'est pas le même.

Je possède beaucoup de variétés de cette jolie espèce,
dont j'ai eu à ma disposition un très grand nombre d'individus, ce qui m'a permis d'en bien apprécier les caractères. Je me fais un plaisir de la dédier à mon ami
M. Dupotet, comme un faible témoignage de reconnaissance pour le zèle qu'il met à poursuivre ses recherches.

Elle se trouve à Oran, près le fort Saint-Grégoire, à
Santa-Cruz, dans les montagnes qui se trouvent entre
la ville et le fort de Mers el Kebir ; on la rencontre aussi
au Viel-Arzew, et dans les montagnes aux environs de
Mascara.

10. H. Arabique. — *H. Arabica.* Nobis.

(Planche II, figures 1 et 2).

H. testâ globosâ, albidâ, munitissimè striatâ, fasciis fuscis interruptis ornatâ; aperturâ angustatâ; peristomate albo, simplici, reflexo, acuto, gibboso, intùs fusco; columellâ fuscâ; spirâ obtusâ; vertice albo, nitido.

Diamètre, 11 lig. ; hauteur, 8 lig.

Coquille globuleuse, un peu conique, blanchâtre, finement striée, ornée de fascies brunes très pâles, interrompues et formées de taches et de traits irréguliers rappelant un peu les caractères de la *Cypræa arabica*. Son ouverture est rétrécie par l'écart de son bord droit; le péristome est refléchi, simple et tranchant, blanchâtre et fortement coudé au bord columellaire comme dans les deux espèces précédentes; la gorge et la columelle sont également d'un beau brun luisant. La spire, composée de cinq tours aplatis, est obtuse et comme mamelonnée; la suture à peine visible; le sommet de la spire est blanchâtre. Cette espèce qui, au premier abord, paraît se rapprocher beaucoup de l'*Helix Dupoteliana,* en diffère essentiellement par l'aplatissement de ses tours de spire, et son ouverture plus rétrécie; elle est beaucoup plus petite, son test est finement strié et rugueux comme dans l'*Helix Dupoteliana*; elle est également plus globuleuse.

Il est à regretter que l'on n'ait pu en connaître l'animal, mais lorsque M. Dupotet découvrit cette espèce, on était aux prises avec l'ennemi, ce qui ne lui permit pas de pousser plus avant ses recherches.

Trouvée dans l'Atlas, au col des Beni-ou-Assan; elle habite dans les rochers qui forment presque toute la crête de la montagne.

11. H. Lactée. — *H. Lactea.* Mich.

commune depuis Alger jusqu'à Oran où elle abonde, surtout dans les vastes plaines du Sigg, de Mela, dans celles du Figuier, etc.

Cette espèce est généralement plus grosse qu'en France, et la disposition de ses fascies est différente ; cependant la forme générale de cette coquille et la couleur de son ouverture ne permettent pas de la méconnaître. J'en possède huit à dix variétés provenant de la province d'Oran, dont une entre autres est fort rare ; elle est d'un blanc laiteux pur, transparente ; on aperçoit seulement sur la columelle une légère teinte roussâtre.

Dans la province d'Oran, on trouve principalement une variété blanche ou blanchâtre, tandis que la variété grise ou à bandes se rencontre dans les montagnes, où elle acquiert une grosseur remarquable, surtout à Tremecen, dans l'Atlas, à Ain-el Haout.

H. d'Espagne. — *H. Hispanica*. Mich.

(Variété tigrée, planche I, figures, 7 et 8).

Cette variété de l'*Helix Lactea* me semble devoir en être séparée. Les variétés que l'on rencontre en Afrique en diffèrent surtout d'une manière sensible. Le test en est très déprimé, mince et beaucoup plus brillant que dans l'*Helix Lactea*. Les variétés, dans ces deux espèces, ne sont jamais les mêmes en Afrique ; on trouve, il est vrai, abondamment l'*Hispanica* en Espagne, et elle présente, dans ce pays, à peu près les mêmes variétés que l'*Helix Lactea* ; mais ce qui la caractérise particulièrement, c'est la couleur de sa gorge et de la columelle qui sont d'un beau noir, se détachant nettement du fond de la coquille, tandis que dans l'*Helix Lactea*, cette couleur est brune, et se fond sur la columelle avec la couleur de la coquille, le péristome est toujours blanchâtre, tandis qu'il est noir comme la columelle dans l'*Helix Hispanica*. On rencontre en Afrique trois variétés bien distinctes : dans l'une, la coquille est blanche ou blanchâtre sans fascies, ce qui fait ressortir la couleur de la bouche ; cette variété n'est pas abondante.

La variété qui domine offre, sur le fond blanc de la coquille, cinq fascies d'un noir brillant ; quelquefois ces fascies sont ponctuées de blanc.

La troisième variété qui est fort rare et très remarquable présente sur un fond blanc, quelquefois café, au lieu des cinq fascies noires, cinq rangées de points bruns plus ou moins foncés ; ces points sont quelquefois ronds, le plus souvent allongés. Cette variété est fort jolie, c'est ce qui m'a engagé à la figurer.

L'animal est noir, pied bordé de jaunâtre, partie postérieure du pied jaunâtre et pointue.

Elle est commune à Masagran, entre cette ville et la mer, et sur toute la côte jusqu'à la Macta ; on la trouve aussi, mais moins communément à Oran, à la batterie basse, près d'Al-Oudja : elle semble rechercher les localités sablonneuses peu éloignées de la mer.

13. H. Hiéroglyphicule. H. *Hieroglyphicula*. Mich.
(Planche IV, fig. 4 à 6).

Commune à Alger, à Oran autour du fort Saint-Grégoire, dans les montagnes de Mers-el-Kebir, dans les escarpements du fort et de l'intermédiaire de St-Philippe, dans les jardins, sur les arbres, sur le *Cactus-Opuntia*.

Les individus trouvés près du marabout de Mouley-Lo dans l'Atlas sont le double de ceux d'Oran.

Cette espèce qui ne peut être confondue avec aucune autre du même groupe, offre plusieurs variétés assez remarquables par la disposition et le nombre de leurs fascies, j'en possède dix ou douze variétés bien distinctes provenant de la province d'Oran. Cette coquille est généralement d'un fond blanc, on en rencontre cependant assez abondamment une variété de couleur café, un peu plus foncée du côté de l'ouverture.

14. H. de Juillet. — *H. Juilleti*. Nobis.
(Planche II, fig. 3 et 4).

2

H. testâ depressâ, albâ, nitidâ, minutissimè striatâ, fasciis quinquè fuscis ornatâ; aperturâ augustâ; peristomate simplici, sinuato, intùs fusco; columellâ fuscâ; spirâ obtusâ; vertice nitido.

Diamètre 14 lignes, hauteur 6 à 7 lignes.

Coquille déprimée, blanche, lisse, luisante, finement striée, ornée de cinq fascies brunes; ouverture étroite; péristome simple, un peu réfléchi, sinueux, l'intérieur de la gorge et la columelle de couleur brune; spire obtuse, le sommet lisse. Cette jolie espèce tient le milieu entre l'*Helix Hieroglyphicula* et l'*Helix Alabastrites Var. soluta*; car elle a l'ouverture comme la première, et les fascies disposées comme dans cette dernière, elle en est néanmoins bien distincte, elle est du reste bien plus grande que ces deux espèces.

Je regrette de ne pouvoir en faire connaître l'animal. Elle a été découverte sur une montagne, près de Mascara, par M. Juillet, capitaine de génie, à qui je me fais un véritable plaisir de la dédier.

15. H. D'ALBATRE. — *H. Alabastrites.* Mich.
H. Alabastrites et soluta. Mich.

(Planche IV, fig. 1 à 3.)

M. Michaud, dans son catalogue des mollusques d'Alger, forma deux espèces de cette coquille, en prenant pour types la variété blanche et celle à cinq fascies, il est convenable de les réunir, puisqu'il est bien reconnu qu'elles ne forment qu'une seule espèce, le peu d'individus apportés par M. Rozet, le manque de renseignements sur l'animal ne permettaient pas à M. Michaud d'agir autrement, et tout autre eut fait de même.

Les excellentes observations de M. Dupotet ne laissent plus de doute à cet égard, car il a rencontré fréquemment les deux variétés accouplées ensemble, elles habitent les mêmes lieux et l'animal est exactement le même.

Ces deux variétés sont à peu près les seules que l'on rencontre, leur modification ne s'opère guères que dans la disparition insensible des fascies, qui finissent par ne s'apercevoir que d'une manière très imparfaite, et semblent alors se confondre avec la variété blanche ; j'en possède un grand nombre de variétés ne différant guères que par la couleur du fond de la coquille et celle des fascies, je n'en ai rencontré que deux individus ayant moins de cinq fascies, quoique j'aie eu à ma disposition une quantité assez considérable d'individus de cette espèce. On rencontre, mais assez rarement, une jolie variété rosée.

L'animal est d'un gris plus ou moins foncé.

Commune à Alger, à Oran, entre Saint-Grégoire et Mers-el-Kebir, à Arzew, sur les palmiers nains, *chamerops humilis*, elle vit aussi sur les rochers et sur les cactus.

La variété blanche se trouve en Sicile.

16. H. DE GOUGET. — *H. Gougeti*. Nobis.

(Planche II, fig. 5 à 8).

H. testá depressá, corneá, albidá, striatá, umbilicatá, carinatá ; peristomate marginato, unidentato ; spirá planá; vertice nitido.

Diamètre 3 à 4 lignes, hauteur 1 ligne.

Jolie coquille déprimée, de couleur cornée, blanchâtre, striée, ombiliquée, carénée ; péristome bordé ayant une dent au bord inférieur ; la spire est plane, composée de six tours un peu arrondis; suture profonde ; sommet de la spire lisse. Cette espèce est bien distincte; du coté de la spire elle paraît se rapprocher de l'*Helix Lenticula*, avec laquelle on ne peut la confondre ; la couleur, les stries, et surtout la forme de son ouverture la distinguent suffisamment ; elle est plus déprimée et la carène moins prononcée que dans l'*Helix Lenticula.*

Je me plais à la dédier à mon ami, M. Gouget, chirurgien-major, au 47ᵉ de ligne, excellent naturaliste, à qui je suis redevable d'un bon nombre de ces espèces d'Afrique, trouvées à Tremecen sous des buissons, dans des débris de végétaux, près de la grande cascade du Sifsef aux Moulins. Elle est très rare.

17. H. DE JEANNOT. — *H. Jeannotiana.* Nobis.

(Planche II, fig. 11 et 12.)

H. testâ depressâ, utrinquè convexâ, nitidâ, albâ, minutissimè striatâ, umbilicatâ, carinatâ ; peristomate simplici, aperturâ depressâ, intùs fulvâ.

Diamètre 10 à 12 lignes, hauteur 4 à 6 lignes.

Animal d'un gris plus ou moins foncé.

Coquille déprimée, convexe des deux côtés, blanche, lisse, finement striée, ombiliquée, carénée, péristome simple, ouverture déprimée, ayant à l'intérieur une légère teinte fauve, tours de spire aplatis au nombre de cinq.

Cette coquille qui a quelques rapports avec l'*Helix Cariosula* en diffère par la nature de son test qui est lisse dans l'*Helix Jeannotiana*, tandis que dans l'*Helix Cariosula* les tours de spire sont crénelés et rugueux. L'ombilic est plus grand dans notre espèce. On ne peut également la confondre avec l'*Helix Candidissima*, dont la forme globuleuse et l'absence de l'ombilic la distinguent suffisamment. L'*Helix Candidissima* a d'ailleurs un tour de plus à la spire.

Elle est très commune à Bougie et dans les montagnes qui environnent cette ville.

Dédiée à mon ami, M. Jeannot, lieutenant, au 39ᵉ de ligne, naturaliste instruit, plein de zèle et dont les excellentes observations ont été très utiles à la science.

18. H. Cariosule. — *H. Cariosula*. Mich.

(Planche IV, fig. 7 à 8.)

Se trouve communément à Alger, Oran, Vieil-Arzeu. Elle se tient dans les pierres et dans les rochers, sur les montagnes et autres localités arides ; la variété qui se trouve si communément à Santa-Cruz et à Saint Grégoire, est toujours plus petite et plus aplatie que celle des autres localités.

Animal grisâtre.

Cette espèce offre une preuve bien remarquable du danger d'attacher trop d'importance au plus ou moins d'élévation de la spire dans les hélices, puisque dans celle-ci on observe toutes les modifications qui peuvent se présenter, depuis la dépression de l'*Helix Lapicida* par exemple, jusqu'à l'élévation de l'*Helix Conica* sans que les caractères de son ouverture, de son ombilic, de sa carène et de ses tours de spire crénelés et rugueux en soient altérés. Elle est ordinairement d'un beau blanc inférieurement, tandis que le coté de la spire est quelquefois roussâtre.

19. H. de Boissy.—*H. Boissyi* Nobis.

(Planche II, fig. 13 à 15).

H. testâ depressissimâ, albidâ. fortiter striatâ, carinatâ, latè umbilicatâ ; aperturâ ovatâ, angulatâ ; peristomate marginato ; supernè maculis corneis irregulariter ornatâ ; vertice nitido, fusco ; infrà fasciis fuscis, vel maculis seriatis ornatâ.

Diamètre 4 lignes, hauteur 1 ligne.

Coquille déprimée, de couleur blanchâtre, fortement striée, carenée, largement ombiliquée, ouverture ovale, anguleuse ; péristome marginé. Du côté de la spire, elle est ornée de taches brunes, cornées, irrégulières, alternant avec la couleur du fond, plus larges près de la suture, ce qui la fait paraître cordonnée. Le sommet de la spire est lisse et de couleur brune ; du côté de l'ouverture, elle présente une ou plusieurs fascies brunes, tantôt unicolores, tantôt formées de taches cornées ; spire de cinq tours.

Cette coquille, qui tient un peu de l'*Helix Rozeti* par la couleur et la disposition des taches du côté de la spire, en diffère essentiellement par sa dépression et son ombilic qui ne permettent pas de s'y méprendre.

Rare en Afrique, trouvée à Tremecen, elle paraît assez abondante à Palma, où elle fut découverte par M. de Boissy, excellent naturaliste à qui je me fais un plaisir de la dédier.

20. H. LENTICULE.— *H. Lenticula*. Fer.

Commune à Alger, Oran, Masagran, Mostaganem, Tremecen, etc, et sous les pierres.

Cette espèce ne diffère en rien de celle de France, on la trouve aussi en Sardaigne et aux îles Canaries.

21. H. MIGNONNE. — *H. Pulchella*. Drap.

Se trouve à Oran,

22. H. DES ROCHERS. —*H. Rupestris*. Drap.

Cette espèce se trouve à Bougie ; c'est la variété globuleuse de Drap. que l'on trouve à Montpellier ; animal d'un noir profond.

23. H. LUISANTE. — *H. Cellaria*. Muller.

Helix nitida. Drap.

Trouvée à la cascade du Sifsef à Oran ;

Elle ne diffère nullement de celle de France.

24. H. CRISTALLINE. — *H. Cristallina*. Drap.

Se trouve à Oran.

25. H. COTONNEUSE.—*H. Lanuginosa*. de Boissy.

(Planche II, fig. 16 à 17).

C'est probablement sur la vue d'un échantillon fruste

de cette coquille , que M. Michaud a indiqué dans son catalogue l'*Helix Carthusiana*. Elle a effectivement de grands rapports de forme avec certaines variétés de cette espèce , mais elle n'est pas marginée comme l'*Helix Carthusiana*. Sa couleur est à peu près celle de l'*Helix incarnata;* mais sa surface, excepté le sommet de la spire, est couverte de poils courts et serrés , ce qui la rend veloutée. Elle est plus globuleuse que l'*Helix Carthusiana*; spire composée de cinq tours arrondis , suture profonde, péristome simple , ombilic étroit , ouverture arrondie.

Se trouve à Oran, près la Porte du Ravin, à la cascade du Sifsef, près Tremecen, à Masagran, etc. Elle fut trouvée à Palma par M. de Boissy.

Je donne la figure de cette espèce pour servir de comparaison avec la suivante.

26. H. Blonde. — *H. Flava.* Nobis.

(Planche II, fig. 9 à 10).

H. testá depressá, flavá, hispidá, umbilicatá; peristomate simplici; aperturá rotundatá; spirá subplaná; suturá profundá; vertice acuto.

Diamètre 6 lignes, hauteur 3 à 4 lignes.

Coquille un peu déprimée, de couleur fauve, couverte de poils jaunâtres très serrés. Le péristome est simple et se rapproche davantage du bord columellaire que dans la précédente, ce qui rend l'ouverture presque ronde comme dans l'*Helix Villosa* ; l'ombilic est étroit, spire composée de six tours un peu déprimés, suture profonde, sommet de la spire lisse.

Quoique voisine de la précédente , elle en diffère par sa forme plus aplatie, par sa couleur et surtout par le rapprochement du bord droit près du bord columellaire.

Animal chagriné, brun maron plus ou moins foncé ;

tentacules supérieurs très allongés, minces, arrondis au sommet, tentacules inférieurs assez longs, l'animal est allongé et mince, partie postérieure du pied pointue. La coquille à l'état frais et vivant est marquetée çà et là de taches noirâtres, ce qui fait présumer que ces taches se retrouvent sur l'animal.

Habite dans les rochers au Gourayah, aux environs de Bougie.

27. H. Sale. — *H. Conspurcata*. Drap.

Assez commune à la cascade de l'Issef, à une lieue de Tremecen. Elle est plus grosse qu'en France.

28. H. Striée. — *H. Striata*. Drap.

Aux environs d'Oran où elle est assez rare, elle se rapproche de l'*Helix intersecta*. Mich.

29. H. de Terver. — *H. Terverii*. Mich.

Commune à Alger, Oran, Masagran, Tremecen, etc. Cette espèce qui paraît destinée à se recruter des débris des *helix cespitum*, *cricetorum*, *variabilis et neglecta*, ou pour mieux m'exprimer, formant un centre autour duquel rayonnent ces espèces, devient par cela même très difficile à déterminer d'une manière invariable, car elle présente, surtout en Afrique, une prodigieuse quantité de variétés, dont quelques-unes soit assez remarquables.

Mes observations sur une très grande quantité d'individus de ce groupe, m'ont démontré que le caractère des bourrelets intérieurs assigné à cette espèce par M. Michaud, dans son complément de Draparnaud, ne peut être d'aucune valeur, puisque l'on retrouve cette particularité dans les *Helix Cespitum*, *Variabilis*, *Neglecta* et même dans la *Pisana*. Elle n'est donc caractérisée que par sa dépression, son ombilic, et enfin ses fascies qui permettent de la considérer comme espèce.

30. H. Négligée. — *H. Neglecta*. Drap.

(Planche III, fig. 1 à 4.)

Commune aux environs d'Oran.

Cette coquille généralement plus globuleuse que la précédente, présente tous les caractères de l'espèce de Drap., à laquelle je la rapporte : elle en diffère seulement par sa grosseur et par l'élégance de ses fascies ; son péristome est violet, comme dans celle de Drap. , mais ce caractère est de peu de valeur , puisqu'on le retrouve dans quelques variétés des *Helix Terverii* , *Variabilis* , *Maritima* , *Cespitum et Striata*. Draparnaud n'a pas assigné à cette espèce des caractères assez constants, aussi il serait peut-être convenable de la supprimer, et de la réunir à l'*Helix Variabilis*, avec laquelle elle a le plus de rapports.

31. H. DES GAZONS. — *H. Cespitum.* Drap.

Commune à Alger, Oran.

Cette coquille, commune dans ces deux provinces, offre cependant des différences locales , ainsi à Alger elle est à peu près la même qu'en France , tandis qu'à Oran , elle est plus ombiliquée , les stries plus prononcées , et les fascies généralement interrompues , comme articulées. Elle est aussi plus solide.

32. H. VARIABLE. — *H. Variabilis.* Drap.

Commune à Alger, Oran, Masagran, Bougie.

Très variable dans sa taille et sa coloration , elle présente quelques jolies variétés : ses stries sont plus fortes que dans l'espèce de France.

33. H. SUBROSTRÉE. — *H. Subrostrata.* Fer.

(Planche III , fig. 8 à 9.)

Trouvée à Mostaganem par M. Juillet, capitaine de génie ; on la rencontre aussi aux environs d'Alger.

Je donne la figure de cette espèce qui est peu connue : elle est globuleuse, blanche, solide, ombiliquée ; péristome marginé ; spire élevée, sommet lisse , corné. On trouve une variété avec des fascies ponctuées. Elle est très variable dans sa taille.

34. H. GLOBULOIDE. — *H. Globuloidea*. Nobis.

(Planche III, fig. 5 à 7).

H. testâ subglobosâ, albâ, aliquando fasciatâ vel griseâ, minutissimè striatâ, umbilicatâ; aperturâ rotundatâ; peristomate marginato, acuto; spirâ obtusâ; vertic enitido, fusco.

Diamètre 10 lignes, hauteur 5 lignes.

Jolie espèce subglobuleuse, finement triée, généralement blanche, quelquefois couverte de petites taches ou linéoles de couleur brune, ce qui lui donne un aspect grisâtre; on la rencontre encore avec une fascie brune, formée de points irréguliers; ombilic étroit; ouverture arrondie, légèrement déprimée au bord columellaire; péristome blanc, marginé, tranchant; spire obtuse, composée de six tours dont le dernier est sensiblement aplati; sommet de la spire brun, lisse. On trouve une variété plus déprimée, mais conservant tous les autres caractères, surtout l'aplatissement du dernier tour. Cette espèce paraît au premier coup d'œil se rapprocher de l'*Helix Variabilis*; mais on reconnaît facilement qu'elle en est bien distincte.

Commune dans la plaine de Remelia, prés de la Tafna, sur les bords de l'Isser, de la Tlelat, à Ain-Mesquin, etc. Elle se tient surtout sur le jujubier sauvage, et autres arbustes épineux.

35. H. RHODOSTOME. — *H. Pisana*. Muller.

Commune à Alger, Oran, Masagran, Mostaganem, Bougie, dans la forêt d'Ismaël, près la Macta, etc. Cette espèce varie beaucoup dans sa coloration comme dans nos provinces méridionales; sa grosseur est à peu près la même. On trouve à Oran et Arzew, une variété qui mérite d'être citée : elle est d'un blanc éclatant, diaphane, mince ; quelquefois on y remarque des fascies translucides ; sur quelques individus on aperçoit aussi une tache rose ou vineuse à la base de la columelle. L'animal est noir.

Si l'ensemble de cette coquille, ses fascies et surtout la présence sur quelques individus de cette tache rose à la columelle, ne présentaient pas tous les caractères de l'*Helix Pisana*, l'on serait tenté d'en former une espèce nouvelle, tant elle paraît différente au premier coup d'œil. Cette variété n'est pas très commune.

36. H. Pyramidée. — *H. Pyramidata.* Drap.

Commune à Alger, Mostaganem, Masagran, Al-Houdja, près Oran. Elle est généralement plus déprimée qu'en France, quoique de la même grosseur, et quelquefois même beaucoup plus grosse. On trouve une fort jolie variété marbrée, commune aux environs d'Alger, mais plus rare dans les autres localités.

37. H. Maritime. — *H. Maritima.* Drap.

Très commune à Oran, Tremecen, près Mascara, Arzew, etc. Elle se trouve sur les pelouses, sur les gazons.

Elle diffère un peu de celle de France par sa coloration. On trouve également à Oran une variété roussâtre, qui pourrait aussi bien se rapporter à l'*Helix Variabilis*, cependant elle est de petite taille et globuleuse ; son péristome est brun comme dans l'*Helix Maritima*. C'est la variété *Submaritima* de M. Ch. Desmoulins.

38. H. Albelle. — *H. Albella.* Drap.

(Planche III, fig. 10 à 16.)

Commune à Alger, Oran, Masagran, Mostaganem, Arzew, la Macta, etc.

Cette coquille, fort insignifiante sur nos côtes de Provence, présente en Afrique quelques variétés d'une beauté remarquable ; elles s'éloignent même tellement de notre espèce type, que l'on serait tenté d'en faire des espèces particulières.

On rencontre assez communément l'espèce ordinaire plane en dessus, et convexe du côté de l'ouverture , mais ensuite on la rencontre convexe des deux côtés , la carène tranchante; dans quelques variétés même la carène s'efface presque entièrement ou devient très obtuse. Notre espèce de France qui est toujours jaunâtre, se rencontre assez souvent en Afrique ornée de fascies, tantôt unies, tantôt ponctuées ; dans quelques individus les fascies supérieures formées de points allongés , se contournent agréablement autour de la spire en formant des rayons obliques. Cette variété est assez rare : j'ai cru devoir figurer quelques-unes de ces variétés pour mieux faire comprendre ces indications. Quelles que soient les nombreuses modifications de cette espèce, il suffit de les examiner scrupuleusement en les comparant entre elles , pour ne pas douter un instant qu'elles n'appartiennent à la même espèce ; il faut donc attribuer ces différences à la richesse du climat , et à la diversité des substances dont ces animaux se nourrissent.

39. H. DE ROZET. — *H. Rozeti.* Mich.

Jolie coquille assez rare , elle se trouve près d'Alger , dans la forêt, entre Mostaganem et les marabouts de Mesrah. MM. Webb et Berthelot, dans leur ouvrage sur les îles Canaries, ont donné le même nom à une coquille qu'ils ont cru reconnaître pour notre espèce d'Afrique, mais elle en diffère sous tous les rapports, et il sera convenable de lui donner un autre nom.

On trouve l'*Helix Rozeti* au Cap-Verd , elle est absolument la même que celle d'Alger.

40. H. ÉLÉGANTE. — *H. Elegans.* Drap.

Commune à Bougie et à Bone sur les pelouses.

41. H. Conique. — *H. Conica*. Drap.

Se trouve à Alger : elle est plus petite et plus conique qu'en France.

42. H. Conoïde. — *H. Conoidea*. Drap.

Se trouve à Oran, sans doute sur les rochers au bord de la mer. Je l'ai reçue avec d'autres espèces trouvées dans l'Orseille, espèce de lychen venant d'Oran.

Genre BULIME. — *BULIMUS*.

1. B. Decollé. — *B. Decollatus*. Drap.

Cette coquille est commune dans toute la Régence, et varie beaucoup en grosseur; celles que l'on trouve à Alger sont allongées et presque cylindriques, tandis que dans les environs d'Oran, dans l'Atlas, elles sont ventrues, plus courtes, coniques et plus fortement striées. Dans les montagnes, cette espèce est bien plus grande que dans la plaine; à Bougie surtout, elle est d'une très grande taille, on y trouve des individus qui atteignent jusqu'à trois pouces de longueur.

Indépendamment des stries d'accroissement qui sont très fortes, cette coquille présente aussi des stries transverses serrées et assez apparentes, tandis qu'en France cette espèce est lisse ou du moins finement striée longitudinalement, sans apparence de stries transverses. Cette coquille est infiniment plus grande et plus grosse qu'en France.

2. B. Maillot. — *B. Pupa*. Fer.

A Alger, Oran, près d'Al-Houdja, Meserghen, entre Bordji et Mascara, sur les montagnes, à Tremecen, dans les montagnes du Beni-Ouassan, dans l'Atlas, à Aïn Hen naya, etc. Cette coquille, assez variable dans sa forme, se rencontre aussi en Sardaigne, en Syrie et aux îles du Cap-Verd.

30

3. B. de Jeannot. — *B. Jeannotii.* Nobis.
(Planche IV, fig. 10 à 11).

B. testá ovato-oblongá, ventricosá, corneá, perlucidá, minutissimè striatá, umbilicatá; flammulis albidis longitudinalibus ornatá; aperturá rotundá; peristomate reflexo.

Longueur 5 à 6 lignes, largeur 2 à 3 lignes.

Coquille ovale oblongue, ventrue, de couleur cornée, transparente, finement striée, ombiliquée, ornée longitudinalement de flammules blanches; ouverture arrondie, péristome réfléchi; six tours de spire arrondis, suture profonde.

Animal grisâtre plus ou moins foncé.

Cette jolie espèce est bien distincte, elle est un peu plus petite que le *Bulimus Montanus*, et en diffère par une foule de caractères; ses flammules blanches irrégulières, quelquefois formant de larges taches, ne permettent pas de la confondre.

Cette coquille, sans être rare, est assez difficile à trouver, parce qu'elle est toujours couverte de terre ou de poussière comme le *Bulimus Obscurus,* ce qui la fait paraître de la couleur de la pierre.

Se trouve sur les rochers aux environs de Bougie.

4. B. Aigu. — *B. Acutus.* Drap.

Commun dans toute l'Algérie, mais varie beaucoup en grosseur et en coloration.

5. B. Ventru. — *B. Ventricosus.* Drap.

Commun à Oran, Ain-el-Haout, près Tremecen, Mostaganem, au marabout de Sidi-Ibrahim, dans l'Atlas. Se tient dans les endroits frais et humides.

Genre AGATHINE. — *ACHATINA.*

1. A. de Poiret. — *A. Poireti.* Fer.

Commune à Alger sous les aloës, dans les ruines à Guelma, à Bougie, dans les rochers du Gourayah, à Bone, sous les pierres, près d'Hippone.

Animal hardi, d'un jaune gomme gutte, avec le col et les tentacules légèrement orangés.

Les individus que l'on trouve dans les environs de Guelma, Bougie, et Bone, sont le double plus gros que ceux des environs d'Alger.

2. A. Follicule. — *A. Folliculus*. Mich.

Se trouve à Alger, Oran, Mostaganem, Masagran, Tremecen et dans la province de Constantine, où elle devient beaucoup plus grosse.

M. Michaud rapporte à cette espèce, comme variété, une coquille qui, indépendamment de sa taille moindre de moitié, me paraît en différer aussi sous d'autres rapports, elle est proportionnellement plus allongée et moins ventrue, et se rapporte parfaitement à l'*Achatina vitrea* Webb, que l'on trouve aux îles Canaries, excepté toutefois, que celle-ci est vitrée et la variété d'Afrique est de couleur cornée claire.

Je donne la figure de cette variété, planche IV, fig. 16 et 17; habite sous les pierres et dans les lieux frais.

Genre MAILLOT. — Pupa.

1. M. Grain. — *P. Granum*. Drap.

Trouvé aux environs d'Alger par M. Michel, ex-capitaine, au 17ᵉ de ligne.

2. M. de Michaud. — *P. Michaudii*. Nobis.

(Planche IV, fig. 14 et 15).

P. testá minimá, elongatá, gracili, fuscá, minutissimé striatá, umbilicatá ; aperturá ovatá, sexplicatá ; anfractibus 7-8 ; suturá profundá ; peristomate reflexo.

Longueur 2 à 3 lignes, diamètre moins de 3/4 lignes.

Animal noir ou gris foncé. Les tentacules sont allongés , arrondis au sommet , les inférieurs sont extrêmement courts , et ne paraissent que comme des points noirs.

Coquille petite, allongée, de couleur brune, couverte d'une poussière grisâtre, finement striée , ombiliquée ; ouverture ovale ayant six plis dont deux sur la columelle, deux sur le bord droit , et deux sur le bord columellaire sept à huit tours de spire arrondis, suture profonde, péristome réfléchi.

Cette jolie espèce est de la forme et de la couleur du *Pupa avena,* mais elle est plus allongée et plus grêle.

Elle se trouve près de Bougie , seulement sur les crêtes du Gourayah, montagne élevée à 700 mètres au dessus du niveau de la mer , elle vit sur la partie des rochers exposés au levant, où elle est assez difficile à trouver.

Je dédie ce joli *pupa* à mon ami M. Michaud , déjà avantageusement connu par ses travaux en histoire naturelle.

3. M. Ombiliqué. — *P. Umbilicata.* Drap.

Trouvé à Tremecen. Il est plus grand qu'en France.

Genre VERTIGO. — *VERTIGO.*

1. V. de Dupotet. — *V. Dupotetii.* Nobis.

(Planche IV, fig. 12 à 13.

V. testâ minimâ, turgidâ , conicâ , corneâ, minutissimè striatâ , umbilicatâ ; aperturâ subrotundâ, edentulâ ; quinque anfractibus rotundis ; suturâ profundâ ; peristomate simplici, subreflexo.

Longueur 1 ligne 1]2 à 2 lignes, diamètre 1 ligne.

Animal d'un gris plus ou moins foncé, allant même quelquefois jusqu'au noir, deux tentacules assez courts, renflés à la base, plus minces au milieu, oculés au sommet : mufle allongé, séparé en deux lobes à son extrémité : pied pointu postérieurement ; la couleur du pied est toujours moins foncée que celle du collier.

Petite coquille renflée, conique, cornée, couverte d'une poussière grisâtre, finement striée, ombiliquée ; ouverture un peu arrondie, sans dents ; spire composée de cinq tours arrondis; suture profonde ; péristome simple à peine réfléchi.

Ce *Vertigo* découvert par M. Dupotet, se trouve communément sur les rochers situés à Bougie sur le chemin qui conduit de la Casbah à la marine, on le trouve aussi sur les rochers situés entre le Blockaus de Kalifa et le fort Clausel, sur les rochers au dessus du marabout de Si-Aya-Bosgri, près du fort Bonack, etc.

Dans la première de ces localités seulement, on le trouve mélangé avec l'*Helix Rupestris* qui y est assez commune.

Genre CYCLOSTOME. — *CYCLOSTOMA.*

1. C. DE WOLTZ. — *C. Woltzianum.* Mich.

Ce Cyclostome est commun à Alger, à Oran dans la montagne de Santa-Cruz, derrière le fort Saint-Grégoire, dans les montagnes de Mers-el-Kebir, à Arsew dans toutes les montagnes, se trouve aussi à Meserghen, etc.

Pendant le jour il se cache sous les buissons, les touffes d'herbes, et n'en sort que la nuit et le matin à la rosée : c'est à tort que M. Michaud pense qu'il est odoriférant ; les échantillons qu'il a observés devaient sans doute cette odeur à quelque circonstance accidentelle.

2. C. SILLONNÉ. — *C. Sulcatum.* Drap.

Commun à Bougie, sous les pierres dans les montagnes et sous les buissons, près du marabout de Sidi-Ayah, sous les remparts du côté de Salem, et dans tout le Gourayah. Il est plus gros et les sillons sont beaucoup plus profonds que dans l'espèce de France.

LES LYMNÉENS.

Genre PLANORBE. — *PLANORBIS*.

1. P. Leucostome. — *P. Leucostoma*. Millet.

Trouvé à Bougie ; ne diffère pas de l'espèce de France.

2. P. Marbré. — *P. Marmoratus*. Mich.

Ce *Planorbe* qui n'est pas marbré du tout à l'état vivant, se trouve à la Rassauta, près Alger.

3. P. Imbriqué. — *P. Imbricatus*. Drap.

Se trouve à Alger avec le précédent.

4. Pl. Hispide. — *Pl. Hispidus*. Drap.

Se trouve à Oran, Bougie.

Il est beaucoup plus petit que celui que l'on trouve en France, mais sa forme est exactement la même , la seule différence qui existe est dans l'absence des stries croisées, qui se trouvent sur l'espèce de Draparnaud, et que l'on n'aperçoit pas sur celui d'Afrique. Cette différence ne me paraît pas suffisante pour déterminer une espèce nouvelle, car je possède des individus du *Planorbis Hispidus* , Drap. (*Albus Pfeiffer*), venant de Suisse et d'Angleterre n'offrant également aucunes stries transverses ; quoique beaucoup plus grands que la variété d'Afrique.

J'ai déjà signalé au *Bulimus decollatus* cette même particularité, qui a lieu au contraire sur l'espèce d'Afrique, tandis qu'en France cette coquille est lisse ou simplement striée longitudinalement.

5. Pl.   ?— *Pl.*   ?

M. Dupotet a découvert dans la fontaine de la Maison, Carrée, près du pont de l'Aratch à Alger , un *Planorbe* qui lui a paru nouveau , mais que je n'ai pu examiner n'ayant pas reçu les échantillons qu'il m'avait annoncés. Je me bornerai donc à indiquer les détails qu'il me donne à ce sujet, espérant qu'ils pourront être utiles aux naturalistes qui iront dans ce pays.

Il est de couleur cornée claire, et a quatre tours de spire. Il ressemble totalement au jeune *Planorbis corneus*; son diamètre est d'environ cinq à six lignes. Quand la coquille est vivante avec l'animal, elle paraît marquetée de taches blanchâtres.

Genre PHYSE. — *PHYSA.*

1. P. Aigue. — *P. Acuta.* Drap.

Trouvée au marabout de Sidi-Graoun, près de Hain-El-Haout; elle est plus petite, moins ventrue, et proportionnellement plus solide que celle que l'on trouve en France.

2. P. Torse. *P. Contorta.* Mich.

A Alger, près la Maison-Carrée.

L'animal est grisâtre et non pas écarlate, comme l'a indiqué M. Michaud. On la trouve aussi en Sicile.

Genre LYMNÉE. — *LYMNEA.*

1. L. des Marais. — *L. Palustris.* Drap.

Commune à la Rassauta et aux environs de la Maison-Carrée à Alger.

2. *L.* Leucostoma *Leucostoma.* Mich.

Trouvée dans la Mitidjah et aux environs de la Maison Carrée à Alger.

Cette espèce qui se rapproche beaucoup de l'espèce de Draparnaud, en diffère cependant par son ouverture qui n'est pas blanche à la columelle : les tours de spire en sont bien marqués, et son habitat est bien celui que cette espèce recherche en France à Avesnes, au Quesnoy par exemple.

3. L. Petite. — *L. Minuta.* Drap.

Commune dans les sources et lieux humides du ravin à Oran, à Tremecen, à Ain-El-Haout, etc.

Cette espèce est plus petite qu'en France.

Genre ANCYLE. — *ANCYLUS.*

1. A. Fluviatile. *A. Fluviatilis.* Drap.

A Oran, Mon-El-Fa, Bougie, dans les ruisseaux.

Cette espèce est très petite, mais elle ne diffère pas autrement de celle de France.

LES MELANIENS.

Genre MELANOPSIDE. — *MELANOPSIS.*

1. M. Marron. — *M. Lævigata.* Lam.

M. Buccinoidea Fer.

Alger, Oran, Tremecen, Ain-el-Haout, Bredeach, la Mitidjah, etc. Cette espèce, dont nous ne connaissons pas le genre en France, est très commune en Afrique et varie beaucoup en grosseur et couleur suivant les localités.

Il existe deux variétés bien distinctes, l'une, qui se rapporte à la *Melanopsis Lævigata*, Lam., est ventrue et généralement tronquée ou cariée au sommet, et est assez rare ; l'autre, qui est très abondante, représente le type de la *Melanopsis Buccinoidea fer* que l'on a considéré comme simple variété, et cependant la forme est différente ; elle est pyramidée, plus lisse et jamais tronquée ; il serait peut-être convenable de les séparer.

2. M. de Dufour. — *M. Dufourei.* Fer.

Commune à Oran, dans l'Isser et la Tafna, le Makerra, etc. ; elle est verte et présente une carène ou bourrelet près de la suture. C'est la seule variété qui se trouve en Afrique.

LES PERISTOMIENS.

Genre PALUDINE. — *PALUDINA.*

1. P. Semblable. — *P. Similis.* Mich.

Alger, Oran, Ain-el-Haout; elle est moins grande qu'en France.

2. P. Aigue. — *P. Acuta*. Mich.

Commune à Oran et à Bone. On remarque deux variétés de couleur.

3. P. d'Idria. — *P. Idria*. Fer.

(*P. Porata menke*.) (Planche IV, fig. 18 et 19).

Se trouve à Bougie; quoique plus petite que l'espèce que l'on trouve en Allemagne, elle en a néanmoins tous les caractères et je ne crois pas convenable de les séparer.

Elle est globuleuse, ventrue, verdâtre, à spire courte le plus souvent cariée au sommet; péristome simple, ouverture ovale, ombilic étroit.

4. P. Naine. — *P. Nana*. Nobis.

(Planche IV, fig. 20 et 21).

P. testâ minimâ, ovatâ, oblongâ, viridescente; anfractibus convexis; suturâ profundâ; aperturâ ovatâ; peristomate subcrasso.

Longueur moins d'une ligne.

Coquille ovale, oblongue, verdâtre lorsqu'elle est dépouillée de sa couche de vase noirâtre ; quatre tours de spire convexes; suture assez prononcée ; spire obtuse; ouverture ovale; péristome épaissi formant un angle à l'insertion du bord droit.

Cette petite Paludine représente en miniature la *Paludina Achatina*; elle en a tout le facies à l'exception qu'elle est unicolore. Je l'avais désignée, dans le principe, sous le nom de *Paludina Pygmæa*, mais M. Deshayes, 2ᵉ éd. Lamarck, ayant décrit sous ce nom une petite paludine fossile qui n'est pas la même, j'ai dû en changer le nom.

Elle se trouve à Bougie, Guelma, Hammam, Bereda.

5. P. Verte? — *P. Viridis*. Drap?

N'ayant pas reçu les différentes espèces de mollusques découverts récemment par M. Dupotet, aux environs d'Alger; je n'ai pu vérifier ses observations sur quelques-unes. Je me bornerai donc à citer ce qu'il m'écrit au sujet de cette espèce que je crois être la *Paludina viridis* de Drap.

« Cette espèce, dit-il, a beaucoup de rapport avec la *Paludina viridis*, par sa taille, sa forme, sa couleur; cependant elle est plus grosse et plus allongée. Elle habite à la Rassauta, près Alger, la Mitidjah; dans cette première localité, elle est presque noire, tandis que dans le ruisseau d'Ouleo-Dada, près la Maison-Carrée, elle est d'un blanc bleuâtre; elle est assez commune. »

Je ferai remarquer que la différence de couleur est à peu près de nulle valeur pour les espèces d'eau douce, car je possède dans tous ces genres fluviatiles une foule d'espèces portant le même nom et entre autres l'espèce qui nous occupe, et la plupart diffèrent de couleur; cela tient beaucoup à la nature des eaux où vivent ces mollusques; il ne faut donc avoir égard qu'à la forme générale et comparer autant que possible diverses variétés entre elles.

LES NÉRITACÉES.

Genre NERITINE. — *NERITINA*.

1. N. Fluviatile. — *N. Fluviatilis*. Drap.

Elle habite un ruisseau qui se jette dans l'Aratch; elle y est très commune, mais un peu plus petite qu'en France.

2. N. de Prevost. — *N. Prevostina*. Fer.

Commune à Oran, dans l'Atlas, dans la vallée de Tisi; on la trouve également en Sicile, Sardaigne et Syrie.

Ce n'est, peut-être, qu'une variété de la *Neritina Bœtica*, Lam., que l'on trouve dans l'Andalousie.

3° ORDRE. — ACEPHALÉS.
LES NAYADES.

Genre MULETTE. — *UNIO*.

1. M. LITTORALE. — *U. Littoralis*. Drap.

Aux environs d'Oran, dans l'Isser, la Tafna, le Mekera, etc.; elle est plus petite qu'en France.

2. M. des PEINTRES. — *U. Pictorum*. Drap.

A Oran, Alger, dans les ruisseaux de la Mitidjah aux environs de la maison Carrée. Les individus qui viennent de la Mitidja diffèrent un peu par la forme et par la taille de ceux trouvés dans l'Isser.

Cette espèce est, sans contredit, celle qui a été la plus tourmentée par les auteurs, ce qui est facile à expliquer, car il n'existe peut-être pas deux ruisseaux dans lesquels se trouve l'*Unio Pictorum*, dont les individus n'offrent entre eux quelques différences, soit dans la forme générale, soit même dans la charnière, ce qui a donné lieu à faire, fort mal à propos, des espèces nouvelles.

LES CONQUES FLUVIATILES.

Genre CYCLADE. - *CYCLAS*.

1. C. CALYCULÉE. — *C. Calyculata*. Drap.

Se trouve à la Rassauta, près Alger.

2. C. des FONTAINES. — *C. Fontinalis*. Drap.

A Oran, Ain-el-Haout, etc.

On trouve seulement la variété γ Drap.; mais elle varie beaucoup en grosseur, suivant la localité.

EXPLICATION DES PLANCHES.

—

Planche I.

Planche II.

Planche III.

Planche IV.

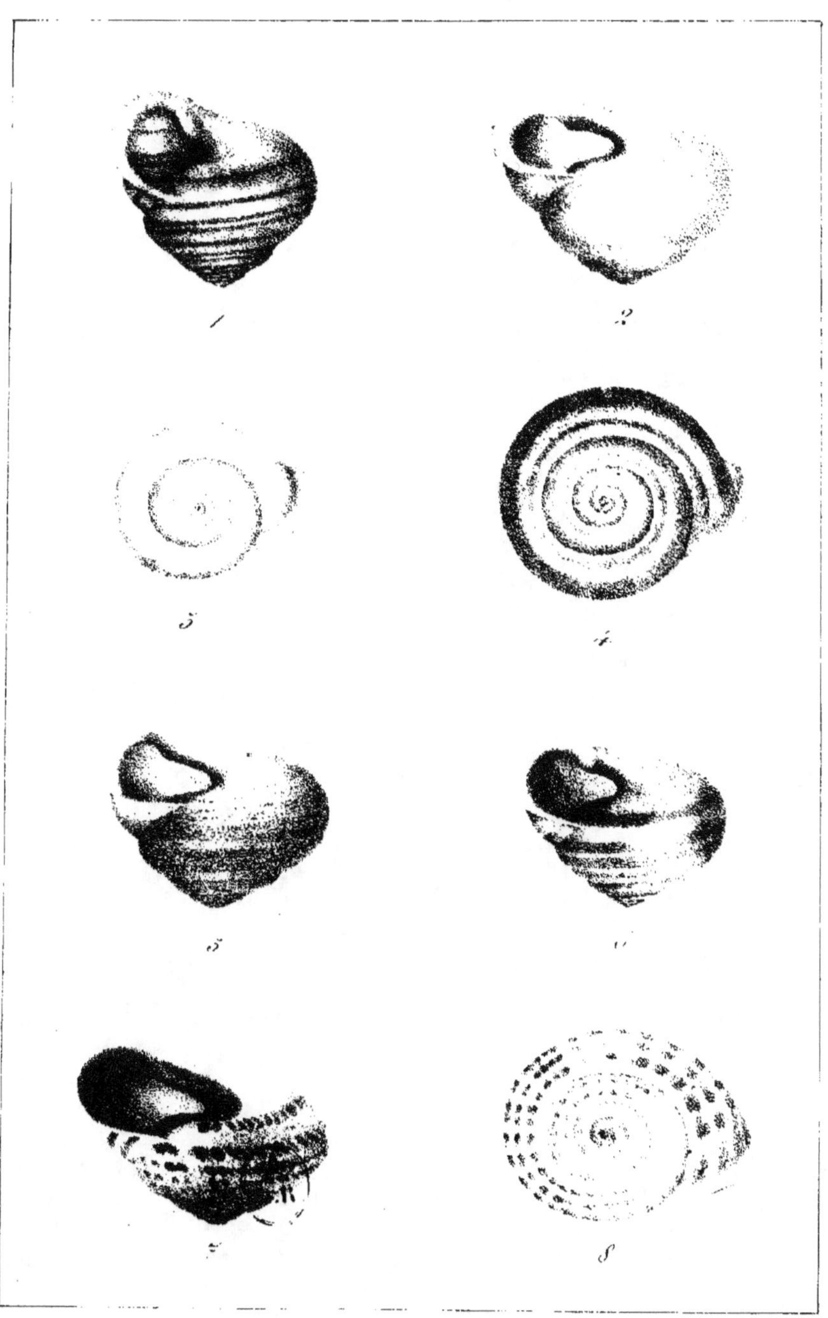
1
2
3
4
5
6
7
8

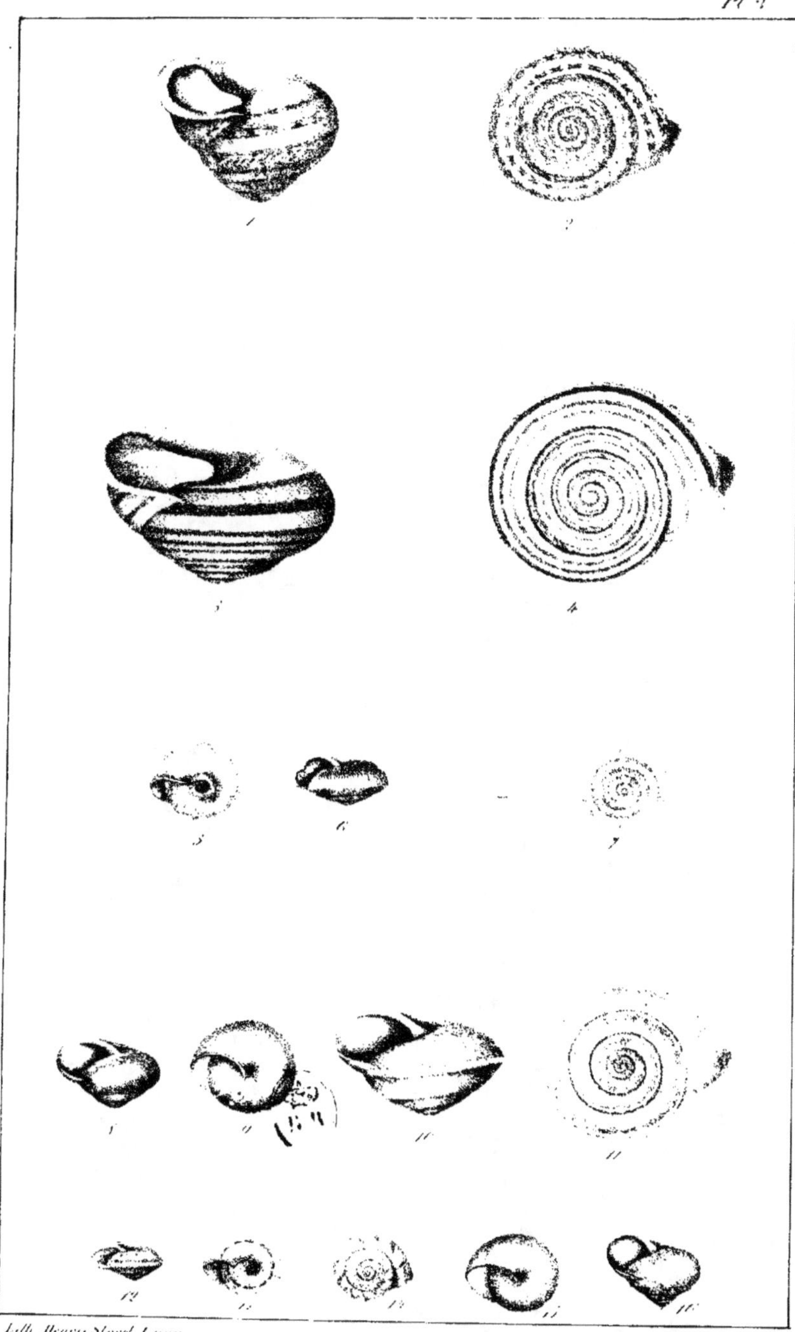

Terrestrial

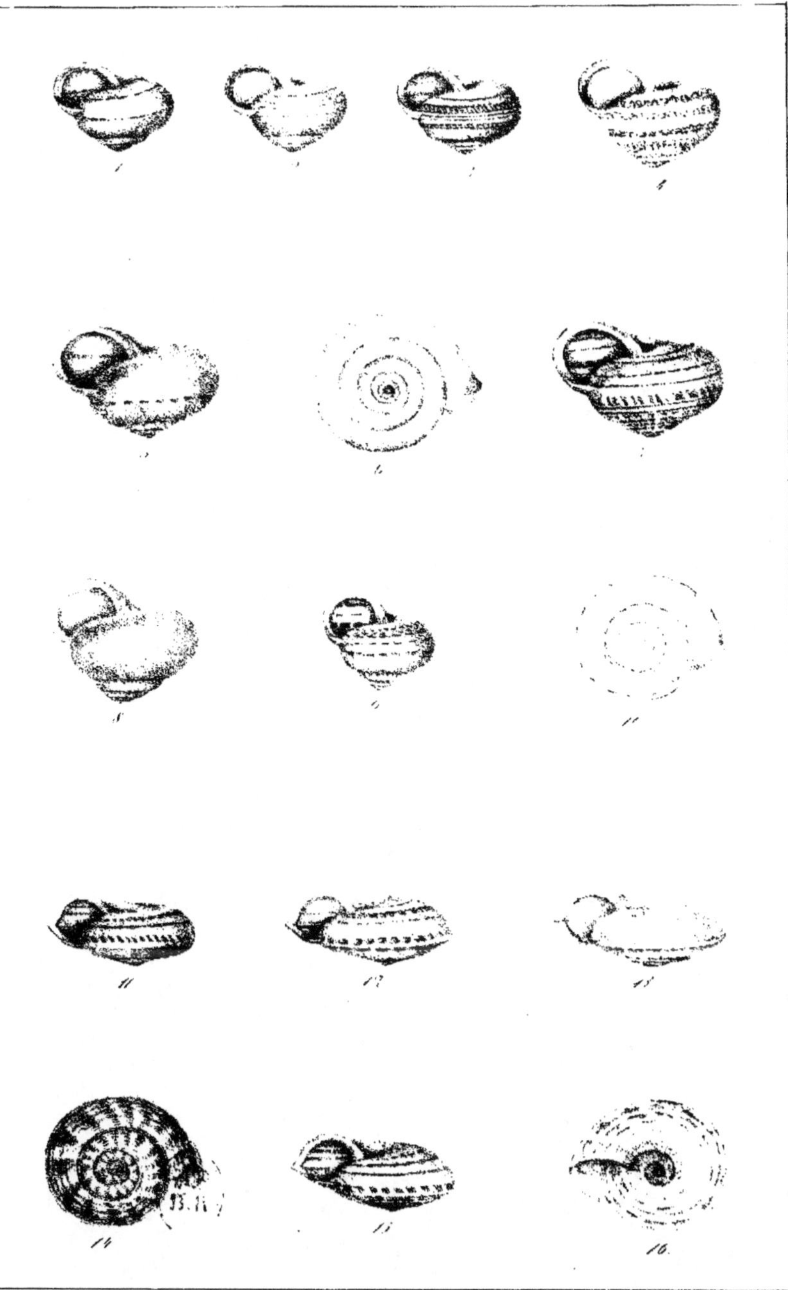

* 9 7 8 2 3 2 9 2 9 9 5 8 7 *